LE GRAND MYSTÈRE DÉVOILÉ

OU

SOLUTION COMPLÈTE

DE LA CAUSE DE L'EXISTENCE DES CORPS CONNUS

QUI OCCUPENT L'ESPACE DE L'UNIVERS

EN DÉMONSTRATIONS PHYSIQUES ET MÉTAPHYSIQUES,

CONTENANT

Une entière et parfaite explication de leurs Propriétés fondamentales, leurs opérations et leur coopération.

Par Le Fait.

Ouvrage populaire à la portée de tous les esprits, et par lequel la population entière de toutes les nations du monde, est mise en possession absolue du sommet de la science ; la connaissance du mystère, qui jusqu'ici a plané sur les lois qui régissent la nature.

PARIS,
WILLERMYT, ÉDITEUR,
29, RUE POISSONNIÈRE.

1848.

Paris. Typ. Bénard et Comp., pass. du Caire, 2.

LE

GRAND MYSTÈRE DÉVOILÉ.

LE

GRAND MYSTÈRE DÉVOILÉ

OU

SOLUTION COMPLÈTE

DE LA CAUSE DE L'EXISTENCE DES CORPS CONNUS

QUI OCCUPENT L'ESPACE DE L'UNIVERS

EN DÉMONSTRATIONS PHYSIQUES ET MÉTAPHYSIQUES.

CONTENANT

Une entière et parfaite explication de leurs Propriétés fondamentales, leurs opérations et leur coopération.

Par Le Fait.

PARIS,
WILLERMYT, ÉDITEUR,
29, RUE POISSONNIÈRE.

1848.

DISCUSSION PRÉLIMINAIRE.

La vérité, la réalité, puisqu'elle consiste dans les faits, est sans contredit la plus précieuse des choses, et son début, son point de départ doit certainement être placé dans la cause fondamentale de tout ce qui existe, sous peine de la propagation de l'incertitude, de la confusion et de l'erreur dans les idées et dans l'organisation de la société, dont le monde a toujours offert un frappant exemple, dans l'injuste répartition de la prospérité parmi les peuples, et la destitution des moyens alimentaires, les soulèvements continuels, les révolutions fréquentes, et l'effusion du sang qui en son les inévitables conséquences. Tout ce qui est faux porte malheur, et tout malheur réel est accompagné de larmes ou de sang : c'est donc la véracité des institutions, la véracité mise en action qui seule peut réduire les accidents de la vie à leur juste proportion, et c'est la connaissance de la cause fondamentale de tout ce qui existe dans l'univers qui en occupe la première place, car celle-ci est, à la fois, la base, l'accompagnement, et le dénouement de toutes les sciences qui n'en sont que des ramifications, et ne peuvent ni se discuter à fond ni se résoudre sans elle, attendu que la vérité démonstrative seule a le droit de constituer le fondement de leurs principes, de constater l'exactitude de leurs statistiques ou détails, et d'achever la certitude de leurs conclusions. Il est aussi également indisputable que la vérité soit l'unique base et compagne de tout ce qui est bon, vertueux, et sublime dans la conduite et les sentiments du genre humain, soit qu'on les désigne par les mots moralité, philanthropie, charité, etc., ou par d'autres. Puisque donc ni les connaissances profondes, ni les bons et beaux sentiments du cœur peuvent se réaliser sans son concours, ou s'associer avec des dogmes, doctrines et enseignements en opposition aux principes fondés sur la raison; et que leur source consiste dans la grande question prééminente de l'univers qui n'a jamais été précédemment vidée ; c'est elle qui embrasse dans sa sphère toutes les autres et en est le résumé, que je livre au tribunal de l'opinion publique sous le titre du *Grand Mystère dévoilé*. Je l'ai accompli par des études, des recherches spéciales sur les lois de la nature, sur les principes fondamentaux appartenants aux substances, et en y appliquant une logique toute nouvelle de mon invention, qui va au fond et à la racine des matières discutées ; et le public lui-même jugera et décidera sur l'exactitude des démonstrations relativement aux immenses corps massifs suspendus dans l'atmosphère de l'espace, se distinguant en deux genres fertiles et lumineux ; et sur les diverses matérialités dont ils sont composés aussi bien que sur la solution complète de la cause de leur existence.

Il y a déjà longtemps que cette question et toutes ses branches physiques et métaphysiques ont été peu traitées, et elles ont fini par être presque entièrement perdues de vue ; dont la cause est due principalement, dans ces derniers temps, à la réaction qui a eu lieu sur les esprits dans le système d'éducation depuis la chute de la première république en France de 1789, laquelle avait aboli les anciens préjugés, et reconnu la nécessité de fonder le savoir sur des preuves logiques. Actuellement donc, que cette nation célèbre et prééminente vient de reconquérir ses droits, en se résolvant par un héroïque et magnanime effort dans l'unique système de gouvernement qui soit fondé sur la raison, sur la justice et sur la vérité des institutions représentatives ; qu'elle a proclamé à l'instant même la liberté entière de la presse et de la parole, ce serait un crime, une sorte de lâcheté commise contre le génie de la nouvelle époque régénérée et approfondissante, par ceux qui sont en possession de quelques lumières additionnelles sur les mystères apparents de la nature, et par ceux qui ont quelques arguments à faire valoir sur la science, ou sur des matières importantes quelconques jusqu'ici omises, de ne pas s'avancer dans l'arène de la discussion ; car non-seulement l'intellect a été affranchi par la loi nouvelle de tous ses liens, mais en maintes occasions une action de recherche scientifique conforme à la liberté complète de la pensée, a été évoquée de vive voix par plusieurs membres du gouvernement provisoire. Entre autres le premier Maire de Paris après la proclamation de la République de 1848, le citoyen Garnier-Pagès, a dit, en réponse à une députation des journalistes : « Quels sont les appuis de notre révolution ? La justice, la morale, et la vérité. — La justice, la morale, et la vérité ne craignent pas la lumière, c'est au contraire par la lumière qu'elles se vivifient, etc., etc. »

Tout donc paraît conspirer pour favoriser l'exploitation de la faculté discutative, dans l'examen profond des sujets encore si imparfaitement connus, et promettre un accueil reconnaissant aux trésors qui peuvent en jaillir, consistant en découvertes importantes, et en éclaircissements philosophiques; et puisque celles-là une fois admises et reconnues, d'être correctes et en opposition aux opinions présentement inculquées par l'enseignement , doivent nécessairement prévaloir, et opérer un changement total, une révolution dans le système existant , il est opportun de soumettre celui-ci à une analyse exacte et impartiale.

Dans toutes les écoles de l'Europe c'est encore aujourd'hui l'histoire de l'ancienne Judée, sous un autre titre qui substitue par une simple narrative dite inspirée, un ouvrage scientifiquement raisonné sur la cosmologie ; en enseignant uniquement par pure assertion que les corps massifs suspendus dans l'espace, compris celui qui a pour titre la terre, avec toutes ses productions, sont l'effet d'un acte de création d'une seule puissance en dehors d'eux-mêmes ; il serait superflu ici de réfuter cette assertion gratuite, puisqu'elle l'est complètement dans la partie scientifique de cet œuvre ; mais c'est ici le cas de faire valoir des réflexions démonstratives sur ce qui peut effectivement constituer les principes élémentaires et les développements de l'éducation ; d'abord , si la raison doit y prendre sa part, il est constant qu'elle ne saurait admettre aucune conclusion contenue dans un livre quelconque, qui ne soit élaborée par des arguments plus ou moins convaincants ; un écrit, soit ancien soit moderne, qui a la prétention de dicter en matières concernant le savoir, et notoirement sur la cause des existences, est dans l'obligation de remplir cette condition, ou dans le cas contraire n'a aucun droit de s'imposer sur les esprits, et particulièrement sur les esprits éclairés. — Or, telle est précisément la position du recueil historique qui porte le nom de divers auteurs, et conséquemment quand même les récits miraculeux qu'il contient n'auraient pas été constamment contestés, et prouvés d'être dénués de tout fondement, le fruit de l'excessive ignorance et crédulité de l'époque, et surtout de la nation juive, et de sa conséquence inévitable et inhérente à la nature des hommes de tourner une telle disposition à leur avantage, et à leur agrandissement particulier; pour ces raisons donc, il ne doit pas subsister le moindre doute sur l'accord unanime de toutes les personnes raisonnables et impartiales, que ladite histoire n'a point le droit de former la base de l'éducation, laquelle est une appartenance exclusive de la science.

Tout ayant été dit et conclu au sujet de ladite histoire, il convient, dans l'ordre progressif de la discussion, d'examiner les causes qui l'ont produit et les conséquences qui l'ont suivi, et toutes ces deux choses se trouveront nécessairement dans les lois de la nature en leur application à l'homme. Il est tout simple que celui-ci cherche constamment à satisfaire ses besoins physiques, ses délassements physiques, ses besoins mentaux, et ses délassements mentaux, puisque c'est en cela que consiste le bonheur ou le contentement physique et mental, dont ce sont les développements mentaux, qui conduisent aux positions les plus élevées de la vie ; et il est également simple qu'il doit désirer la perpétuation de cet état, ou même un accroissement de félicité après la cessation de son existence actuelle ; c'est-à-dire qu'il voudrait vivre toujours et de la manière la plus heureuse ; ce penchant donc est forcément universel et sans exception. Il n'est pas étonnant non plus qu'une vague idée de la possibilité de sa réalisation se présente à son imagination, parce que la grande majorité du monde étant presque continuellement occupée par le travail manuel et le commerce, et n'ayant pas le temps de réfléchir profondément, est naturellement très susceptible à l'aspect des sublimes objets de la nature, et spécialement de la construction et des facultés admirables, propres au genre humain, à se figurer qu'ils n'auraient guère pu se vérifier sans le concours d'une puissance, ou d'une pluralité de puissances encore plus extraordinaires que tout ce qui est connu habitant quelque partie de l'espace invisible de la terre ; et ensuite lier à la première idée, une seconde idée de protection, de récompenses et de punitions selon leurs actes de la part d'un tel pouvoir. Mais il n'est pas moins vrai qu'une telle opinion ébauchée, confuse et indécise comme celle-ci l'est, et à laquelle tous ceux qui sont occupés d'affaires de tout genre, et conséquemment quasi tout le monde, et toutes les personnes qui ne cultivent que superficiellement leurs facultés discutatives sont plus ou moins sujettes, et qui l'entretiennent seulement parce qu'ils y ont à peine réfléchi, n'auraient jamais agi sensiblement sur la satisfaction intérieure des hommes qui sont, par leur nature même, dominés presqu'exclusivement par les sensations du présent, si cette impression superficielle n'eût toujours été, et ne fût encore nourrie et encouragée par une classe qui en fait une profession, et qui en dépend pour son existence. L'homme, malgré son inclination forcée en faveur d'un état de choses qui éterniserait son existence et son bonheur, et malgré une pression extérieure tendante à la renforcer, est contraint par sa nature à vouloir connaître la réalité des faits, et serait immanquablement plus satisfait par son acquisition que par une incertitude la plus flatteuse.

L'histoire en question, comme toutes les autres compositions semblables des différentes parties du globe, a eu donc pour cause la disposition naturelle du genre humain à se perpétuer au-delà de la vie présente que je viens de dépeindre, et comme c'est une tendance également inséparable de l'humanité en certaines circonstances pour ceux qui ont un objet en vue, d'être entraînés, et même quelquefois contraints à mettre de côté la véracité, la bonne foi, et tous les bons principes, en sacrifiant l'intérêt des autres et celui du public, à leurs propres avantages individuels et particuliers dont ceux qui en sont les victimes seraient en pareil cas forcément obligés par le courant des affaires humaines, d'adopter le même système, et pour cela n'ont qu'eux-mêmes à blâmer ; les conséquences ont été naturellement la création d'une profession, qui devait rendre ses adeptes les maîtres absolus de la nation ; à cet effet toutefois, c'était nécessaire que tous ceux qui l'avaient rédigé ou leurs collègues, s'adjoignissent un grand nombre de partisans qui participeraient de leur grandeur et de leur richesse ; ils agirent donc ainsi conjointement et de concert, en s'efforçant à corroborer de leur mieux, personnellement et par des écrits, la réalité des circonstances et des évènements contenus dans leur histoire. Ils s'efforcèrent de confirmer l'opinion vacillante de la population, que l'auteur dont le nom paraît au début, était en rapport direct avec la puissance mystérieuse qui passait pour l'inspirateur du livre, aussi bien que sur la certitude de la grande intimité, et faveur spéciale, qui avait été accordées par celui qu'ils insistèrent fut le maître de l'univers, à un nombre considérable des acteurs qui y figurent ; avant le temps, contemporainement, et après le décès du premier qui s'appelait Moïse.

Comme le début de ce livre qui porte le nom de celui-ci raconte à sa manière la création ; c'était là le point le plus essentiel, le fondement, et le point de départ pour tout le reste : ils firent donc l'impossible pour inculquer la croyance que lui, l'écrivain de cette première partie, avait été personnellement en présence de la puissance ; et avait reçu d'elle-même les commandements qui s'y trouvent inscrits. En outre, ceux qui devaient s'agrandir sur l'autorité de ce document, ont agi de manière à faire passer des lois sévères, interdisant toute parole ou écrits quelconques en opposition à son authenticité, sous peine d'être poursuivi pour blasphème contre la Divinité, ainsi inventée; en sorte que la force physique a contribué bien plus efficacement que la persuasion tentée sur les esprits, à l'installation de cet ordre d'individus, intitulé l'ordre ecclésiastique.

C'est ainsi donc que la hiérarchie de la religion, et de l'église hébraïque s'est fondée; qui, comme les anciens druides, les bramines, les prêtres musulmans, etc., avant de pouvoir se former dans une association basée sur le mandat d'une autorité exterrestre ou surhumaine, devaient examiner profondément l'état des esprits du vulgaire, et ayant une fois acquis la conviction de leur tendance pour le mystère et le merveilleux, ils ont déployé tout l'étalage de ces instruments de la domination, dont les impressions, en pareilles circonstances, n'ont pu faillir, et se sont érigés au grade de ministres élus par un pouvoir occulte qu'eux-mêmes avaient imaginé, comme le moyen le plus efficace de s'emparer de toutes les plus hautes fonctions de l'Etat, civiles, militaires, et judiciaires, et ainsi s'approprier exclusivement l'autorité suprême.

L'association ecclésiastique intitulée chrétienne, qui a suivi la première, n'a rien changé au dogme ou dite réalité inculquée par celle-ci : elle n'a fait qu'ajouter un fils à la puissance déjà introduite et adoptée, avec d'autres personnages dont les noms étant généralement connus, aussi bien que la mission attribuée audit fils ayant pour nom Jésus-Christ, qui, lui-même, ne s'est jamais arrogé une autre origine que celui d'un mortel (et celui-ci est un fait authentique de l'histoire), ces choses, et les nouveaux événements, dis-je, étant connus, ce serait inutile d'entrer en plus de détails à ce sujet ; mais ce qu'il y a de très remarquable et digne d'examen parmi les diverses modifications introduites par le fondateur de cette secte, sont ses nouveaux principes et sa nouvelle attitude, toute différente de celle qui l'avait précédée. Ces adeptes, dès leur origine, ont imaginé l'introduction parmi eux d'un genre, et d'une allure de la plus excessive et profonde humilité; et, en même temps, ils proclamaient leur sincère et complète indifférence pour toute espèce de luxe ou de richesse, en déclarant qu'ils ne voulaient autre chose que le stricte nécessaire, qu'ils se dévouèrent volontairement à la pauvreté, et même à la mendicité.

Tel ayant été le programme et la tenue des premiers sectateurs de la profession chrétienne, il convient de se convaincre si ces sensations existent réellement dans le cœur humain : d'abord, quant à l'humilité, si celle-ci y dominait il est certain que personne ne chercherait à améliorer sa condition individuelle, ou à s'élever comparativement au-dessus du commun de ses semblables, soit par le talent, soit par la richesse ; en tel cas, au contraire, ce serait à qui serait le plus dépourvu des acquisitions intellectuelles, et des biens matériels de la terre ; le sentiment de l'amour-propre physique et personnel ne se ferait plus sentir ; l'émulation, au lieu de se porter dans la direction de l'avancement, se dirigerait infailliblement dans le sens opposé ; si donc une semblable impression était naturelle à l'humanité, aucun progrès de civilisation ou perfectionnement ne saurait accompagner le laps du temps ; mais puisqu'il est aussi clair que le jour, comme j'ai déjà observé, que c'est inséparable de la nature de l'homme de se rendre aussi heureux qu'il le peut, que c'est le temps présent qu'il est forcé d'apprécier infiniment plus que tout autre temps à venir ; parce que les besoins physiques, et mentaux, et au-delà de cette limite, ne connaissent et ne peuvent connaître que le présent ; la futurité soit pendant la vie actuelle, soit après elle, n'étant que la réalisation d'un temps présent ; et que la félicité consiste, et ne peut consister en autre chose, que dans les biens matériels, et les perfectionnements mentaux, et avec ceux-ci est compris le caractère bien fait et noble; car, sans son concours l'intellect ne peut devenir ce dont il est susceptible, et entre lesquels il subsiste une union indissoluble.

Il est conséquemment complètement démontré que l'humilité, laquelle embrasse dans sa sphère l'abnégation de toute propriété personnelle, aussi bien que toute aisance ou luxe en commun, ou obtenu d'une manière quelconque au-delà du stricte nécessaire; ne soit pas une sensation prédominante, et n'est que la conséquence accidentelle des souffrances physiques, des difformités personnelles, des imperfections intellectuelles, et des circonstances malheureuses extérieures; et que l'ambition à s'avancer dans le monde accompagnée d'un degré de fierté proportionné à la position sociale, et à la perfection corporelle et mentale, soit naturelle, inhérente, et inséparable du genre humain, et partagée jusqu'à un certain point par les animaux inférieurs. Il s'en suit de cette conclusion incontestable que l'humilité extérieure, et le mépris des possessions annoncées par les gestes des susdits sectateurs, a dû infailliblement procéder d'un profond calcul ayant pour but de captiver la sensibilité populaire, et confondre le peuple d'étonnement, par l'exhibition, le spectacle d'une qualité au-delà de la nature; et ainsi le convaincre que leur chef n'appartînt point à la terre.

En faisant parade eux-mêmes de cette humilité apparente, c'était indiquer au peuple son devoir de l'adopter à son tour, et ainsi se confier humblement sans les mettre en question, aux soins et aux doctrines promulguées, afin de le tenir complètement sous sa tutèle et en son pouvoir. Le chef donc, bien qu'il se gardât de se promulguer ouvertement comme un être différent du reste des hommes, parce que la secte hébraïque, et toutes les autres sectes lui ont toujours refusé ce titre; a voulu l'insinuer, et persuader par son langage, sa conduite et celle de ses adhérents, qu'il le fût; et il est de la plus frappante évidence que l'affectation d'une telle disposition imitant de près la réalité, a dû et doit avoir une prodigieuse influence sur les peuples simples et confiants de cette époque, et de toute autre époque peu éclairée; accroître le nombre des adhérents à cette croisade d'un nouveau genre, et finalement livrer le monde à leur pouvoir. Ces prévisions se sont effectivement réalisées, et depuis la chute de l'empire romain jusqu'à ce moment, des modestes et humbles prétentions qui ont caractérisé son origine, a jailli la plus imposante, pompeuse et puissante institution qui ait jamais existé dans le monde ; le principal appui du système monarchique absolu et des rois qui se sont toujours prévalu de ce prestige mystérieux pour faire valoir leurs droits et ceux de la noblesse dont ils dépendent; et pour combler la mesure de son influence, elle tend à restreindre l'expression des opinions opposées à ses préceptes par des lois pénales sur la presse et sur la parole ; ses membres sont partout distribués en grand nombre, comme supérieurs et professeurs de toutes les branches de la science dans les écoles et dans les universités ; assistant ainsi personnellement auprès de la population naissante, et contrairement au génie des connaissances, à la défense du progrès, et à enjoindre, à prescrire la limite assignée aux lumières par l'ancienne tradition, dont ils ne sont que les héritiers volontaires.

Mais puisqu'il n'y a rien de plus évident qu'à toutes les époques, et surtout à une époque considérée comme éclairée, un des premiers droits de l'homme consiste dans la liberté de promulguer sa pensée, et que son devoir envers lui-même et ses semblables est de s'en servir, en faisant toutes les recherches dont il est capable ayant relation aux phénomènes de la nature qui constituent la science, et dont la partie principale a été trop longtemps méconnue ; il est incontestable, dis-je, que celle-ci n'a jamais pu être soumise licitement à une borne au-delà de laquelle il ne lui serait point permis de s'élancer ; et il a été prouvé que sans la connaissance de la cause fondamentale de tout ce qui existe dans l'univers, la science serait comme elle l'est présentement dans les écoles, sans base, sans développement, et sans conclusion : et qu'elle continuera de l'être pendant tout le reste du temps, que la faiblesse de l'esprit public permettra au corps ecclésiastique, et son système, de diriger l'éducation ; ou d'en donner la direction à aucune description de professeurs non ecclésiastiques, ayant pour fondement de leur système, une cause de l'existence des choses qui ne soit pas de nature à permettre, et même à solliciter, la plus profonde et publique investigation, tant en paroles qu'en écrits.

Les représentants d'une nation, le gouvernement, les hommes d'Etat, sont censés avoir puisé leur logique, leurs connaissances dans les colléges et les universités; qui sont ou doivent l'être, la source de tout ce qu'il y a de plus parfait dans le savoir du temps : mais si celles-ci sont restées stationnaires depuis les siècles reculés, si elles n'ont pas marché en avant avec le progrès et les lumières que les époques postérieures doivent amener, si une réaction intéressée envers d'anciens dogmes les retient dans l'immobilité ; il est incontestable que la capacité ainsi acquise de tels hommes, ne saurait être à la hauteur des sociétés modernes ; qui seront immanquablement incapables de diriger avec succès les affaires nationales.

C'est justement à cause de cette subjugation de la raison auxdites révélations de l'antiquité, que le monde soit resté jusqu'ici dans l'enfance de son développement intellectuel ; les fonctions, et les discours qui se font dans ces édifices imposants intitulés églises et cathédraux, sont dans le fait des cours, des leçons ; et ceux qui les écoutent se reconnaissent par cet acte les élèves de la classe qui remplit cette vocation : c'est celle-ci enfin qu'on a permis d'usurper la place de la science, et qui avec raison a donné à ceux qui s'y soumettent l'appellation humiliante de ses ouailles. Un tel système agit comme une impasse aux connaissances humaines et a fini par faire disparaître tous les défenseurs de la liberté du cerveau en son application scientifique, car malgré son affranchissement récent, les chaînes de la pensée ont été si fortement rivetées qu'on n'en est pas encore suffisamment revenu, pour qu'aucune publication sur les hautes questions philosophiques ait parue jusqu'à présent. Toutefois comme la philosophie signifie l'amour du savoir, elle est conséquemment liée inséparablement avec les affaires humaines, et les causes qui tendent à leur prospérité, aussi bien qu'avec celles qui s'y opposent : c'est cette disposition interprétée par le mot philosophie qui donne l'élan, qui excite aux investigations phénoménales, dont les résultats, lorsqu'ils réussissent au point de démonstration logique, constituent le savoir, la science : et encore une fois celle-ci en son état de perfection consiste, et ne peut consister en autre autre chose que dans la plus haute de toutes les vérités et leur base ; la connaissance de la cause fondamentale et réelle des existences, laquelle on n'atteint que par l'intermédiaire d'études les plus soignées, et élaborées sur les faits connus; qui révèlent ainsi avec certitude tous ceux qui sont au-delà de la perception des sens, mais jamais au-delà des moyens de la vraie logique, et qui ne peut être éludée ou méconnue impunément.

C'est donc parce que la masse des diverses populations jusqu'à cette époque, ont constamment prosterné leurs facultés mentales devant une classe de leurs semblables, dont les doctrines sont opposées à la science et à la réalité; qu'un immense nombre d'entre elles ont été de tous les temps dans un état de privation la plus pénible, et fréquemment de chômage et de pénurie absolue. La désorganisation et le mouvement universel contre les institutions existantes, qui s'effectue en ce moment en Europe par le peuple de la classe travaillante, est la conséquence inévitable de la détresse endurée depuis les premiers siècles connus par l'histoire. Telle étant la situation, elle devait éclater comme elle l'a fait en tous les temps, et en tous les pays, toutes les fois que la moindre chance de succès se présentait, en soulèvements successifs et fréquents de la population souffrante, que les lois de la conservation poussent à pourvoir par tous les moyens à leur alimentation; et comme une fausse et pénible position sociale ne peut durer que pour un certain temps, ledit mouvement universel prouve que ce moment est finalement arrivé en Europe.

Les populations de toutes les autres parties du globe, étant également avec celles de l'Europe imprégnées d'idées superstitueuses ; et leurs gouvernements respectifs y ayant établi des institutions qui dirigent leurs croyances, et leur prétendue instruction ; se trouvent aussi dans une position très affligeante, et sont conséquemment sujettes aux perturbations qui en sont inséparables, sauf la République des Etats-Unis de l'Amérique, ou quoique la population ne forme pas exception aux autres quant à ses opinions sur la cause de l'existence, elle n'a pas voulu qu'on lui impose par les lois du pays, une institution qui lui dicte ce que ces opinions doivent être, ni la contraindre à consolider des préceptes fixes à son instruction scolastique ; et le fait est que depuis la fondation de cette République en 1781 jusqu'à cette heure, il ne s'est presque jamais réalisé la détresse parmi la classe travaillante ; preuve convaincante que l'industrie en tous genres et le commerce fleurissent plus chez eux que partout ailleurs ; en sorte que le fléau des insurrections populaires qui a invariablement pour cause les nécessités physiques, a été entièrement écarté de ce pays.

Il s'en suit des réflexions et des détails précédents qu'une institution établie par l'état ayant pour mission de dicter la croyance et d'amalgamer celle-ci à l'instruction scolastique des peuples, est en opposition flagrante à leur progrès intellectuel, et conséquemment à leur prospérité matérielle; aussi il n'est point douteux que l'influence anciennement obtenue par la secte dite chrétienne de la manière déjà spécifiée, et maintenue difficilement pendant tant de siècles par ses propres efforts, aidés par l'appui des diverses aristocraties de l'Europe pour des motifs tout-à-fait personnels, et comme le plus puissant collègue de leur domination arbitraire; vient de subir une nouvelle secousse extraordinaire au centre du système des anciennes traditions, à Rome, où le pouvoir de l'Église comme tel n'est plus que nominal; et dont le pape, comme dans toutes les aristocraties n'est que le roi ou chef ostensible. Mais ses membres ayant des possessions considérables, c'est en vertu de ces biens seulement qu'ils retiennent de l'autorité politique : on peut prévoir aussi que ceux-ci seront contraints plus tôt ou plus tard par l'esprit du temps, de modifier leurs prétentions à un diplôme exterrestre; ainsi déjà le clergé chrétien des autres nations n'a, là, qu'un faible défenseur ; il serait donc dans ses intérêts de se préparer pour un changement d'opinion inévitable, et conséquemment à un changement dans sa propre vocation.

Dans la supposition et même l'anticipation d'un pareil événement, voici ce que serait la transaction juste et équitable, entre la nation, et l'ancienne institution encore en vigueur : ses membres ayant été par la volonté de leurs parents, induits à s'engager dans la profession dite chrétienne, possèdent un droit incontestable aux appointements établis, pendant toute la durée de leur vie respective : soit que leurs doctrines et leurs fonctions restent telles qu'elles le sont aujourd'hui ; soit qu'elles changent de face par la force des circonstances survenues, leur sort, condition pécuniaire seraient ainsi également assurés. Mais si les nouvelles lumières sont telles, qu'une continuation dans l'ancien système serait impossible, qu'ils acceptent franchement la noble carrière de la vraie science, car en faisant cela, ni leur bonne foi, ni leur honneur seraient aucunement compromis ; étant entrés jeunes dans l'institution existante par l'entremise de leurs familles ou d'autres personnes, et ayant été obligé de se conformer à ses préceptes.

Il a été suffisamment prouvé que la crédulité trouvera toujours la duplicité sur son chemin, et que la première étant l'opposé du bon sens, et la dernière étant l'ennemie de la vérité, ne purent manquer de disquilibrer la société ; mais si jamais le bon sens qui est l'ami de la vérité, résume ses droits ; la duplicité ne pouvant résister à sa présence, disparaîtra aussitôt ; et les affaires humaines, les positions sociales s'équilibreront d'elles-mêmes : car la nature attend de tous les hommes sans exception, qu'elle a doué des mêmes qualités physiques et mentales plus ou moins prononcées ; qu'ils emploient toutes les deux autant qu'il est en leur pouvoir de le faire ; elle avertit le monde de son universalité, de sa souveraineté exclusive, par le spectacle d'un immense espace occupé par des existencialités lumineuses, qui seront démontrées parfaitement uniformes à celle intitulée le Soleil. Elle se découvre à la vue naturelle et artificielle. Ce qu'elle opère dans les limites de la vue, elle peut également opérer au-delà de ces limites. Elle ne se cache pas ; et fut-ce possible que quelque autre genre de vitalités, d'attributs divers existassent, elles ne se cacheraient point ; car une distance excessive rendrait une action efficace, et au-delà d'une certaine limite toute action quelconque.

La nature veut que les masses sachent enfin distinguer entre les enseignements factices et illusoires ; et ceux qui s'adressent à l'impartialité du jugement : parce que celle-ci est la véritable discussion défensive, dont leur dépendance, ou leur indépendance, leur esclavage ou leur liberté intellectuelle, leur adversité ou leur prospérité, dépend. Car, c'est dans la nature des choses, que si leur décision et leurs actes se conforment à la vérité ; les événements naturels qui y sont assujettis, coopéreront avec les peuples pour les élever au degré de prospérité, dont l'ensemble de l'humanité est susceptible : mais si au contraire leur décision et leurs actes sont en opposition aux préceptes de la raison, laquelle est invariablement en unisson avec la vérité, ou si leur décision et leurs actes ne sont pas d'accord entre eux ; alors, les événements naturels ne pouvant plus coopérer avec les peuples à leur avantage ; leur sort restera précaire et déplorable : et tant les gouvernements que les classes commerciales aisées, indépendantes et opulentes, seront continuellement inquiétés et en péril.

Les investigations précédentes ayant démontré tout ce qui concerne l'emploi de l'intellect, la négligence de sa cultivation, et les conséquences extérieures qui en résultent ; il est temps d'examiner les impressions que peuvent produire sur l'individu lui-même les deux diverses conclusions sur la cause de sa propre existence, avec laquelle est comprise celle de toutes les matérialités connues, soit en vertu de leurs propriétés inhérentes, soit en vertu d'un agent ou des agents en dehors d'elles-mêmes. D'abord, en supposant la possibilité qu'après des recherches et des réflexions considérées par celui qui les fait comme sérieuses et satisfaisantes, il arrive à la conclusion positive qu'à la suite de sa carrière vitale il ressucitera, pour habiter loin de la terre un séjour de félicité éternelle et incommensurable : en tel cas son existence terrestre, quelle que soit sa position, étant reconnue par lui comme une position misérable, comparativement à celle qui l'attend après qu'il aura cessé de respirer, lui serait immanquablement à charge, et considérée comme une peine plutôt qu'un avantage ; en différant, en retardant l'époque d'un bonheur futur, dont son jugement bien pesé selon lui a garanti la certitude. Le temps présent est la seule époque où le plaisir, le déplaisir, la jouissance, et le chagrin à leurs divers degrés sont réellement ressentis ; l'anticipation d'un heureux événement dans un avenir même le plus rapproché de la vie, ne diminue point physiquement une souffrance, ni ajoute rien à un bonheur actuel ; et dans le cas suivant y ajouterait car, un être se trouvant dans l'extrême infortune, et étant fermement convaincu qu'il y a une existence délicieuse réservée pour lui en dehors de la vie humaine (si la préoccupation de ses chagrins lui permettait d'y réfléchir) compterait infailliblement les instants où il pourra s'y rendre, et serait infiniment plus impatient et désolé sous le fardeau de ses désastres, que s'il eût la conviction d'être exclusivement une appartenance de ce globe ; où les matières qui le composent, étant de celles qui sont propres à la construction de l'homme, et ayant éternellement dans le passé retourné à la terre, doivent être infailliblement les mêmes qui reparaissent éternellement, sous la forme d'un être de la même nature.

Mais si l'homme ne se trouve pas dans une position très supportable, il est certain qu'il lui serait impossible de jeter ses regards imaginatifs sur l'avenir ; parce que son prédicament étant désastreux, tous ses actes et pensées seront par nécessité exclusivement appliqués à sa situation présente, et à s'ingénier de toutes les manières, afin d'y porter le plus de remède possible : c'est un cas d'urgence du temps présent, et il est manifeste que c'est hors de son pouvoir de livrer ses idées à une autre époque passée ou future. Ce n'est donc que dans les circonstances plus ou moins favorables, que l'on pourrait s'occuper de sa destinée ex-terrestre, et ici encore il est également certain, que la joie excessive exclut aussi complètement ces idées, que l'extrême infortune ; et tous les divers degrés de plaisir ou contentement, provenant principalement de la satisfaction donnée aux besoins physiques, multipliés par l'exercice, et le spectacle de tous les genres de talent dont l'homme fait épreuve, les éloignent proportionnellement aux attraits respectifs. Reste le moment qui précède le décès et à découvrir qui le soutiendra avec le plus haut degré de fermeté et de résignation ; celui qui est dans la dépendance d'autrui pour ses convictions, (et celles-ci ne méritent pas en tel cas ce nom, car l'homme n'ayant pas d'opinion indépendante ne peut en avoir, ni posséder une véritable force de caractère ;) ou celui qui, ayant approfondi autant qu'il a dépendu de lui la réalité des choses, ne se laissant guider que par la décision de son propre jugement mûrement consulté, et qui aura ainsi indubitablement fortifié son caractère, simultanément à l'exercice de ses facultés raisonnantes. La conclusion ne saurait être un moment douteuse en faveur de celui-ci, quelle que soit sa conviction ; car, tant pour supporter les revers de la fortune, les calamités de la vie, que pour envisager avec calme les derniers instants de l'existence individuelle, tout dépend de la force du caractère, qui lui-même trouve la source de son intrépidité, de sa résolution, dans le développement profond de l'intellect.

J'ai déjà observé qu'on peut facilement concevoir que la masse des peuples n'ayant pas le loisir d'étudier et raisonner sur la cause des choses existantes, se figurent naïvement un créateur ou des créateurs lointains ; mais il reste encore les remarques suivantes à faire à ce sujet. Le peuple, tout en ayant cette espèce de conception indéfinie de quelque chose qui existe, d'un caractère divers et supérieur aux existencialités connues, et des relations entre ces deux genres d'objets ; comme il n'entre jamais en aucun détail relativement à la manière par laquelle les rapports entre le genre humain et ce pouvoir mystérieux pourraient s'effectuer; si par un cas extraordinaire il s'y internait même avec sa simplicité habituelle et propre à cause de sa condition, qui néanmoins est presque toujours accompagnée d'un fond de bon sens inséparable de l'homme ; il lui serait immanquablement impossible de croire à la possibilité, qu'après la décomposition des êtres humains, une recomposition différente aurait lieu immédiatement; laquelle serait transportée à travers la vaste étendue qui sépare la terre du lieu de leur destination supposée ; dont aucun de l'immense nombre de gens qui meurent à chaque instant dans le monde serait vu par les vivants, même à leur départ de la terre, et où ils se rendent dans un séjour de béatitude inconcevable pour y demeurer éternellement, sans occupation manuelle ou mentale quelconque. Non, les hommes de toutes les classes sont assez raisonnables eux-mêmes pour ne pas se créer de telles opinions, et leur esprit, occupé comme il a été si souvent prouvé par le présent, avec la prévoyance nécessaire pour le futur, ne peut demeurer sur une époque éloignée que passagèrement, et surtout sur celle qui suit leur état physique connu : parceque, quelles que soient leurs pensées là-dessus, si leur conscience est tranquille relativement à leurs actes, et les conséquences dans la vie présente ; elle sera également tranquille sur ce qui arrivera après sa terminaison. Car, la classe qui est forcée par son pacte de propager l'opinion de la réalité d'une existence céleste, infiniment supérieure à l'existence mortelle, et dont ce n'est point la faute, parce que ses membres sont entrés dans cette carrière à l'investigation de leurs propres familles, ne peut elle-même entretenir une telle idée. Il n'est point non plus dans la nature des choses, que l'homme, qui constitue le principal sujet de la nature sur la terre, puisse devenir malheureux, par une cause que les lois de la nature elle-même ont déterminé ; et il doit indubitablement être précisément le contraire, car plus l'homme reconnaîtra les lois réelles par lesquelles toutes les vérifications de la nature sont réglées, plus il doit infailliblement se rapprocher à la perfection et au bonheur dont il est susceptibte.

Il est ainsi parfaitement constaté que toute idée ou opinion de béatitude future, qui s'adresse aux affections, à la sensibilité du cœur humain ; si elle n'est en même temps accompagnée par une conviction fondée sur un examen conclusif ; ne peut produire un véritable contentement intérieur, ni influer aucunement sur les actes de la vie : et démontre, que l'unique satisfaction complète, consiste dans l'emploi profond et impartial de la raison ; et quand même elle déciderait contre un état de choses tel qu'il est décrit par le livre en question ; il existe un tel charme dans sa cultivation qu'il remplacera bien, et avec usure, les notions les plus attrayantes qu'il lui est impossible d'admettre : c'est-à-dire en employant toutes ses immenses ressources par la discussion de la nature tout entière, et en remontant aux causes ;

sans quoi il n'y a plus d'intérêt, plus rien qui excite la curiosité, l'unique stimule de l'esprit humain; lequel dans les moments contemplatifs, lorsqu'il est vraiment libre, et conséquemment use de sa liberté; se dirige avec ardeur sur cet apparent mystère. Tous ces trésors de l'intellect sont totalement inutiles et perdus, quand l'homme soumet son jugement à celui des autres, et ne raisonne pas pour lui-même : dans un tel état limité de l'esprit, la condition de l'homme se borne presque exclusivement à ses besoins ou nécessités matérielles, et aux idées, et à la conversation qui y réfèrent : mais lorsqu'il en fait l'usage dont il est susceptible, il existe un attrait si surprenant dans cette occupation, accompagné de la satisfaction, et de l'orgueil légitime de sa propre valeur, d'avoir rendu justice à lui-même, en se libérant de la dépendance et de la dictature d'autrui, en ces matières intéressantes qui concernent la cause de son existence; qu'il se trouvera dans un état mental incomparablement supérieur à celui que lui aurait procuré une opinion vacillante, incertaine, et inquiétante comme elle doit infailliblement l'être, lorsqu'elle n'est point fondée sur ses propres recherches. Il sera ainsi transporté par la grandeur, la sublimité de l'application intellectuelle, son plus noble attribut et qui s'attire à elle-même les affections, à l'admiration enthousiastique des vastes et magnifiques globes de l'Univers, de leurs merveilleuses productions et des lois qui les régissent; car les sentiments tant de l'admiration comme de la dévotion, sont inséparables des convictions; et ne peuvent se concentrer que sur ce qui fait appel à la raison; à laquelle rien ne satisfait hormis la vérité, dont je suis devenu l'interprète et le champion; qui, compagne indispensable de la liberté, se soulève enfin avec elle contre leurs ennemis communs: l'erreur et l'oppression; et l'on jugera si, dans les pages suivantes, elle est complètement développée.

LE

GRAND MYSTÈRE DÉVOILÉ

OU

SOLUTION COMPLÈTE

DE LA CAUSE DE L'EXISTENCE DES CORPS CONNUS

QUI OCCUPENT L'ESPACE DE L'UNIVERS

EN DÉMONSTRATIONS PHYSIQUES ET MÉTAPHYSIQUES,

CONTENANT

Une entière et parfaite explication de leurs Propriétés fondamentales, leurs opérations et leur coopération.

La grande et sublime question qui demande par quels moyens les superbes objets qui occupent l'espace de l'univers existent, n'a jamais été antérieurement approfondie. Elle cherche à savoir d'une manière certaine si c'est en vertu de leurs propres principes, des propriétés fondamentales qu'ils possèdent eux-mêmes, ou si au contraire ils sont dépendants, et l'œuvre ou le résultat d'autres causes d'un caractère et d'attributs divers, ou supérieurs à ceux appartenant à la matière.

Entre ces deux causes, ce sera nécessairement en exacte proportion à la force et aux convictions des arguments employés que l'intelligence décidera, et le dévouement, les affections du cœur accompagneront infailliblement cette décision; car ces sentiments ne peuvent se fixer d'une manière solide que là où la conviction raisonnée se dirige; et il faut également admettre que sans sa complète solution, si négligée et quasi abandonnée depuis longtemps, la science n'a point de véritable base, ce qui démontre son immense importance.

On sait que la lecture réelle et fondamentale n'est point dans les livres, qui ne sont que le reflet des opinions fondées sur l'observation, mais consiste dans l'examen attentif et profond des objets et des faits eux-mêmes que la nature offre à la vue et à la réflexion, qui constituent le véritable livre modèle; dont celui qui attire infiniment plus que les autres tous les regards et l'admiration, est ce corps fertile et atmosphérique intitulé la terre, avec toutes ses productions admirables; et atteignant la perfection dans la merveilleuse construction et facultés du genre humain ou l'homme, qui modifie de sa main habile et surprenante la matière dans toutes les formes; et de sa pensée, encore plus étonnante, discute les faits souvent avec profondeur, mais souvent aussi s'écarte de la réalité, s'élance dans les régions les plus capricieuses de la fantaisie, et les confond avec les histoires de la féerie. Ensuite le plus extraordinaire des corps ou substances en dehors de la terre, par la supériorité de son volume apparent et sa splendeur, est le corps lumineux, igné, intitulé le soleil.

L'observation la plus superficielle suffit pour s'assurer, que cet astre magnifique soit l'unique agent direct, qui opère tous les phénomènes de la production végétative sur le sol de la terre; que c'est son calorique ou sa chaleur seule qui en fait sortir le fluide atmosphérique ou l'atmosphère de son intérieur et de sa surface, d'où elle se répand dans l'espace, et se modifie en diverses combinaisons de clarté et d'épaisseur; et à différents intervalles produisant des vapeurs, de la rosée, le fluide aquatique ou l'eau appelée pluie qui en descend, et conjointement avec la chaleur plus ou moins prononcée, occasionne des effets analogues sur le sol.

Pour prouver que le soleil soit une substance ou le fluide, électrique, calorifique où le feu se développe; il suffirait de faire remarquer que c'est par sa présence seule que la lumière se vérifie; puisque pendant son absence, il n'y a que le feu inhérent à toutes les substances dont la terre est composée, qui peut le remplacer.

La lumière donc est une conséquence de la présence du feu ; conséquemment, il est complètement démontré, même par ce simple argument, que le corps lumineux dit soleil, d'où la lumière jaillit lorsqu'il est présent et en vue, et disparaît avec lui, doit être composé de matières qui entretiennent constamment ce fluide. En outre, puisque c'est la chaleur de cet astre qui extrait l'atmosphère de la terre, et sans laquelle le feu ne peut se développer, que c'est le feu, dans un état inostensible, contenu dans l'atmosphère qui entretient la chaleur indispensable à l'existence de toutes les substances inorganisées et organisées ; que, le plus haut degré de chaleur se trouve dans le feu en état d'embrasement et de flamme ; et que c'est par ce moyen exclusivement que la chaleur se communique à toutes les substances tant solides que fluides ; il ne peut rester le moindre doute ni incertitude que le soleil, qui transmet de la chaleur, doit être immanquablement imprégné par le feu, dont la chaleur, comme la lumière est une conséquence.

La nature, le caractère et le rôle du soleil envers ce globe fécond dit terre, ainsi qu'envers les autres corps semblables dits planètes, étant parfaitement établis, je procède à faire comprendre le rôle de celles-ci envers lui ; l'on verra qu'elle, la terre, de concert avec ses pareils, contenue dans l'enceinte qui constitue la sphère ou association dite solaire, c'est-à-dire jusqu'à la distance où l'action du soleil puisse les atteindre; doit coopérer à rendre ce corps igné et lumineux ce qu'il est, et que l'action de leur atmosphère réunie soit également indispensable au soleil, que l'action calorifique de celui-ci sur ces corps terrestres.

L'atmosphère de la terre, comme de ses pareils, est le produit de ses parties solides et de ses parties fluides, et ne peut se former sans ces deux conditions. Mais le soleil étant entièrement embrasé par le feu, ne peut contenir le fluide aquatique ou l'eau dans sa propre forme, car il est évident que, là où il y a le feu, l'eau ne peut exister dans son état de fluidité, conséquemment, le soleil étant privé d'eau, dont les exhalaisons constituent la partie la plus abondante de l'air, rendrait déjà impossible sa formation là-dedans, sans compter toutes les exhalaisons qui proviennent de la terre solide, dont à l'exception des parties bitumineuses et combustibles, seules matières propres à entretenir le développement du fluide électrique; les autres parties ne sauraient entrer dans la composition de ce corps igné.

C'est donc une coopération réciproque entre ce splendide foyer, et ces substances fécondes et atmosphériques, également belles dans leur genre, où d'une part le calorique anime et fructifie celles-ci, et de l'autre l'atmosphère, coopérant et agissant sur les matières inflammables du corps igné, les déploie, et constitue en même temps son unique appui dans l'espace.

Maintenant, et avant d'entrer dans la question, s'il y a quelque puissance d'un caractère divers des substances connues et dont elles sont dépendantes; il est nécessaire de prouver (bien que le fait soit reconnu) que les corps terrestres soient en mouvement, décrivent une circonvolution autour de la substance illuminée et d'en expliquer les causes. Sur la terre, on sait parfaitement que c'est la chaleur du feu qui produit la vapeur, et celle-ci qui produit le mouvement, et que le mouvement soit également obtenu par l'application de l'atmosphère pure sans vapeur ; mais l'atmosphère pure et simple, quoiqu'elle ne soit pas le résultat de la chaleur du feu contenu inostensiblement dans les matières de la terre à l'exception des volcans, est l'effet de la chaleur du feu existant dans le soleil. C'est toujours donc le feu qui est la cause fondamentale du mouvement, et l'atmosphère est l'agent direct qui, en quittant la surface de la terre, l'entraîne avec elle.

Le soleil étant ainsi entouré par les mouvements respectifs des objets terrestres, ils forment une enceinte dont la limite est déterminée pâr le pouvoir ou force d'action et d'attraction de celui-là, et par le pouvoir ou force de gravitation et de réaction de ceux-ci, dont le dernier ou plus éloigné du corps igné en opposition au système actuel d'astronomie, doit être nécessairement le plus volumineux ; parce que c'est invariablement en proportion du majeur volume d'une substance que le pouvoir attractif ait le moins de force sur elle, et encore parce que plus une substance atmosphérique dite planète sera volumineuse, plus elle contiendra d'atmosphère, qui est indispensable pour en remplir la plus vaste espace qu'elle parcourt.

Parmi les nombreuses erreurs dans le système actuel d'astronomie, en voici encore une. Les corps terrestres qui sont attirés, dirigent leur action sur un point central ; parce que le centre seul est la position la plus éloignée de tous les points extrêmes de direction, et à égale distance de tous les deux points de direction opposée. Leurs mouvements donc ne sont pas elliptiques comme ce système enseigne, mais sphériques, circulaires ; ils sont contraints par ces lois à décrire celles-ci, et de là à recevoir une action, et impression constamment égale du soleil qui devient leur centre ; et à lui faire participer de leur part une réaction de parfaite égalité.

Dans la supposition que le soleil ne serait qu'un des instruments subordonnés, de quelque pouvoir ou puissance en dehors de cette enceinte, où les susdites opérations entre lui et les planètes ont lieu ; un tel pouvoir, en dirigeant son influence sur lui, serait contraint d'agir premièrement sur celles-ci qui l'entourent en lui servant de rempart ; et plus l'action d'une telle puissance aurait de vigueur, plus les corps mobiles ou planètes s'en ressentiraient, au détriment de l'action du corps igné ou soleil ; et même la moindre supériorité sur celui - ci obligerait les corps planétaires à obéir à son impulsion, et non à celle de l'astre lumineux. Dans le cas d'une telle diversion opérée sur les susbtances terrestres par une autre existence, ou des existences de quelque description qu'elles soient ; cet astre ayant un besoin absolu de leurs concours pleins et entiers, ne pourrait plus agir ni exister ; et de leur part, les corps terrestres en subissant une autre espèce d'influence prépondérante, éprouveraient non-seulement un changement dans leurs productions, mais seraient forcés de diriger leur réaction, là où est la supériorité de pouvoir sur eux. Il s'ensuit donc que, puisque les membres de cette association, composée d'un vaste foyer, où le plus puissant des éléments est en pleine activité, et d'un certain nombre de moins vastes individualités contenant le fluide atmosphérique, le conducteur du feu et la base et scène de leurs opérations dans l'espace ; il s'ensuit, dis-je, que puisqu'ils répondent et obéissent implicitement et réciproquement à leurs qualifications respectives, il n'existe point, et ne peut exister, aucun objet ou des objets d'un caractère divers dont ils sont dépendants.

L'espace au-delà des limites de la sphère ou association solaire dont je viens de traiter, jusqu'aux limites où l'œil puisse pénétrer, est visiblement occupée exclusivement par des corps lumineux nommés étoiles fixes ou astres; et quoiqu'ils sont admis d'être de la même nature que celui qui a pour titre le soleil, il est important de le démontrer, puisqu'il a été nié par quelques-uns que celui-ci fut imprégné par le feu, mais dont j'ai donné des preuves irrécusables du contraire. On sait que ces corps sont invisibles pendant le jour, parce que la grande clarté produite par un corps excessivement plus rapproché qu'eux, qui couvre toute l'espace visible, efface nécessairement des lueurs lointaines. Aussi, pendant la nuit, ou cessation de la clarté, une atmosphère trop dense agit comme un voile et met un égal obstacle à la vue de ces lueurs. Mais, lorsque le temps est plus ou moins serein et que rien n'en obstrue le passage, elles deviennent visibles au même degré. Or, comme il a été prouvé dans le cas du soleil, et en tout ce qui regarde la lumière obtenue par les matières inflammables de la terre, de quelle nuance que ce soit, qu'elle est le produit exclusif du fluide calorifique ou le feu, les astres, en se présentant à la vue comme des objets contenant en eux-mêmes la cause de leur visibilité, doivent être infailliblement imprégnés par ce fluide.

Il est ainsi complètement démontré, que toute l'immense extension de l'espace visible, est occupée par des corps, où le feu se trouve répandu dans toutes les parties de leurs êtres respectifs. Ce fait établi, il en résulte qu'eux et le soleil soient d'une et la même nature, celui-ci n'étant en effet qu'un membre de cette fraternité, et à qui sa proximité, comparative seulement, confère sa supériorité apparente en volume, en splendeur, et dans les opérations qu'il effectue sur la terre et ses coassociés; conséquemment ils doivent être assujettis à la même nécessité d'avoir pour coopérateurs, des substances fécondes et atmosphériques, et aux mêmes lois d'attraction, de gravitation, et d'équilibre.

Ici, il est à propos de faire quelques observations au sujet de cette dernière condition, toutes les parties componentes de la terre y sont soumises, et il est certain que comme corps entier suspendue dans l'atmosphère de l'espace, elle et ses pareils subissent également cette loi. Les corps ignés non plus n'en sauraient être exempts, parce que si quelqu'un d'entre eux différait des autres en volume, les substances atmosphériques coopérant avec lui seraient indubitablement plus ou moins volumineuses dans la même proportion. La quantité de calorique, et d'atmosphère, ne serait plus égale dans les sphères ou associations séparées, et la pression inégale entre elles rendrait leurs communications, l'appui, et le secours mutuel qu'elles se prêtent, impossibles. Or, pour cette raison capitale, toutes les substances ignées et lumineuses doivent être forcément d'un égal volume, et toutes les substances fécondes et atmosphériques de chaque sphère ou association séparée, doivent être d'un égal volume gradué, et à une égale distance de leur substance ignée respective ; ce qui seul peut rendre leur équilibre ou balance parfaite, et conduire à ce parfait accomplissement de leurs fonctions qui en est la conséquence.

J'arrive maintenant à la dernière application des lois, nécessités, ou conditions de l'équilibre liées étroitement et inséparablement avec celles de l'attraction et de la gravitation, qui ne sauraient agir sans son concours. La distribution ou emplacement des substances atmosphériques relativement à leur collaborateur ou substance lumineuse respective, a déjà été discuté et mis hors de doute, par le témoignage des lois fondamentales elles-mêmes appartenantes aux substances ; et il est manifeste que celles-ci doivent également être situées d'une manière régulière et symétrique , ce qui entre dans le domaine de la science dite mathématique, et consiste dans les formes, et les situations relatives des substances. La distribution donc des corps ignés, dis-je, doit être telle que le développement de leurs propriétés ait son plein effet, sans quoi ce serait le désordre et ils ne pourraient plus agir.

Le cercle est la plus parfaite et la seule forme, où un agent central peut agir avec une égalité d'infl ıence sur le plus grand nombre de coopérateurs, et en recevoir une réaction correspondante, et puisque le cercle dérive de la ligne droite, la substance lumineuse dite soleil sera conséquemment bordée en ligne droite, et des deux côtés, par deux de ses semblables dites astres à égale distance de lui; et cette distance est marquée naturellement, d'abord par l'étendue entre lui et la substance atmosphérique la plus éloignée son collaborateur ; puis d'une espace neutre en dehors de cette sphère ou enceinte, et entre elle et la sphère adjacente, d'une extension suffisante pour leur communication calorifique et atmosphérique ou l'action mutuelle de la totalité de leur atmosphère respective qui soutient les deux sphères réciproquement en espace ; et finalement par la même distance que dans le premier cas comme déjà prouvée, entre la plus éloignée des substances atmosphériques dites planètes, de la substance lumineuse son collaborateur adjacente au soleil. Par cette distribution des deux côtés, il devient évident que la force du calorique, et la pression atmosphérique, étant parfaitement égale dans les deux points de direction opposés, par l'exacte conformité des objets en volume et en distance ; le soleil qui occupe le centre est parfaitement équilibré sur ces deux points, et comme toute ligne droite est le diamètre ou largeur d'un cercle, la distance entre le soleil et chacun de ces deux astres est d'un demi-diamètre. Il faut aussi que le même emplacement soit continué par deux autres sphères ou associations, consistant toujours chacune en un corps igné, et des corps atmosphériques, parfaitement uniformes sous tous les rapports comme déjà démontré au soleil, et ses planètes coopérateurs ; il faut, dis-je, que deux autres corps ignés soient situés à rectangle relativement aux deux premiers, parce que ainsi ils décrivent les quatre quarts d'un cercle, et sont éloignés l'un de l'autre d'un quart de cercle et de trois quarts du diamètre en ligne droite moins un quart d'une des divisions du diamètre, et la raison qui les oblige d'occuper ces positions est, que ces quatre substances ne peuvent se placer autrement et être en même temps à égale distance entre elles, ni être plus nombreuses, parce que alors l'espace entre elles serait moindre que celle des substances lumineuses en ligne droite, et conséquemment insuffisante pour le mouvement de leurs planètes respectives. Aussi le calcul de la distance d'un quart de cercle en ligne droite est-il parfaitement exact, parce que en arrivant au centre, ou moitié du demi-cercle, où il se forme le rectrangle ou angle centrale, il en reste trois quarts du cercle; et le diamètre suivant naturellement la même proportion, se réduit aussi à trois quarts moins un quart d'une division du diamètre, qui se perd par la différence entre chaque division du cercle en ligne droite et en ligne circulaire, qui dans un quart de cercle est un quart de division. Dans un cercle par exemple de soixante-quatre divisions, le quart est 16/64e, donc, la différence entre chaque division du cercle en ligne droite, et en ligne circulaire, est 1/64e en faveur de celle-ci, et dans le cercle entier 64/64e ou une division; et c'est précisément pour cela que le diamètre est un tiers du cercle moins une division, et sera de 21 divisions, le quart de cercle en ligne droite 15 1/2 divisions, et quatre fois ce chiffre sera conséquemment la quadrature, quatre quarts, ou totalité du cercle ; formant un carré de quatre lignes droites rectangulaires composées de 62 divisions.

Je poursuis à présent en achevant la démonstration relativement à la distribution des étoiles, dont on vient de voir les positions nécessitées de quatre, ayant le soleil et cinquième pour centre ; il ne reste encore que deux situations où deux autres corps lumineux puissent se placer et conserver en même temps les mêmes rapports déjà existants en distance et position, avec le nombre total des objets : ce sont les deux situations verticales en ligne droite avec le soleil et des deux côtés opposés, et rectangulaires à l'égard des premiers quatre ; de sorte que chacun est à une égale distance de demi-diamètre. compris ceux-ci, du soleil, et se trouve au centre d'un demi-cercle dont les limites sont occupées par les quatre premiers et réciproquement. En décrivant ainsi avec eux quatre rectangles ou angles centrales dans les deux directions opposées, les six objets agissent, comme huit, dont il résulte huit rectangles qui en constituent le complément total contenu en un cercle solide ou substance équiforme. De cette manière il est démontré évidemment, que le nombre des astres situés aux plus proches distances du soleil, et de chaque astre individuellement, doit être infailliblement six, ni plus ni moins, commandé et témoigné par les lois impératives de l'équilibre et du mouvement ; et que le soleil situé au centre d'eux soit appuyé dans toutes les règles, et ne peut être autrement équilibré aux premiers pas occupés par des corps lumineux.

Ces six corps étant forcés ainsi d'occuper les positions indiquées, dont celui dit soleil est le centre intérieur et commun, et ayant été prouvé comme tous les autres d'être parfaitement identiques à celui-ci en formes, qualités et volume, sont contraints, conséquemment à se situer de la même manière ; de sorte que les seconds points de distance du soleil, occupés par d'autres corps lumineux, seront à une égale distance des six premiers, comme ceux-ci du soleil, et situés en ligne droite avec chacun de ceux-ci et le soleil. Par exemple, un astre étant placé à une égale distance en ligne droite à l'un des astres bordant le soleil, à la distance entre ceux-ci ; l'astre bordant le soleil devient à son tour centre à celui-ci, et au corps occupant la station opposée, ensuite deux autres placés à un quart de cercle des deux extrémités, occupées par le soleil et le dernier astre se trouveront en ligne droite avec celui occupant le centre et à une égale distance que celles-ci, et finalement deux autres complétant les six situés également à un quart de cercle de ces quatre corps, se trouveront aussi à la même distance que les autres du centre, et mettra celui-ci et son entourage exactement dans les mêmes conditions d'équilibre que le soleil et le sien démontrées d'être les seules possibles. Cette distribution, conséquement, doit se répéter aux troisièmes points de distance du soleil et par le nombre infini qui occupe l'espace ; c'est une centralité mutuelle et universelle, une égalité parfaite entre toutes les substances lumineuses et entre toutes les associations séparées consistant en une substance ignée et une série de substances fécondes mobiles et atmosphériques coopérant ensemble; qui sans lesdites conditions, seraient dans l'impossibilité de fonctionner; comme il a été témoigné par l'examen profond de leurs propres qualités.

Ces objets, comme on sait et comme j'ai déjà dit, sont les seuls qui se voient jusqu'aux limites où l'œil étant borné par sa nature les perd de vue ; mais l'intelligence, quoiqu'on en dise, n'a point de bornes lorsqu'on exploite à fond toutes ses ressources par une logique fondamentale et parfaitement méthodique; et c'est précisément faute d'une bonne méthode de raisonnement, la base et clé de toutes les connaissances (car le système de logique, depuis tant de siècles en usage dans les écoles, n'a jamais accompli aucune haute solution physique ou métaphysique). Faute d'une telle méthode, dis-je, on est sujet à omettre même les questions les plus importantes, et qui doivent évidemment se poser, sous peine de faillir complètement dans la solution voulue. Par exemple, la question suivante et une de celles dont il s'agit n'a jamais été précédemment discutée: quels sont les objets dont l'espace est occupée au-delà des limites de la vue, dans l'espace invisible?

Pour la résoudre, tout ayant déjà été préparé par la démonstration de la véritable nature et caractère des corps ignés nommés étoiles, et des corps atmosphériques nommés planètes, leurs liaisons et façons de coopération, les lois d'attraction, de gravitation, d'équilibre, et de mouvement auxquels ils obéissent, la distribution nécessitée des astres dont chacun est centre d'une série de planètes, l'impossibilité d'une action supérieure sur la sphère ou association du soleil et ses planètes coopérateurs, et, par conséquent, la même impossibilité d'une action supérieure sur les autres dont l'uniformité a été prouvée ; tous ces faits dis-je ayant été établis d'avance de la manière la plus décisive, par le témoignage des lois fondamentales elles-mêmes appartenant aux substances; il ne sera pas difficile à découvrir avec certitude, si au-delà des limites de l'espace visible, il y a un changement à cet ordre de choses, ou s'il n'y en a pas.

Je commence donc par choisir un astre quelconque, situé soit à un extrême point de l'horizon ; soit dans un autre point extrême de l'espace, jusqu'à la position perpendiculaire au-dessus de l'observateur, la situation la plus éloignée ; qui servira d'exemple pour tous, et au-delà duquel l'œil ne pénètre point. D'après tout ce qui a été établi, il est certain que cet astre, comme tous les autres, sera en coopération directe et entourée d'une série de planètes, et que ces planètes seront en mouvement autour de lui, conséquemment elles seront tantôt d'un côté, tantôt de l'autre, et de tous les côtés de leur agent igné et centre ; elles se trouveront donc alternativement dans le point de direction qui est invisible par l'observateur, c'est-à-dire au-delà du susdit astre, et en ligne droite avec celui-ci, (au-delà duquel la vue n'aperçoit rien de substantiel); de façon qu'il est déjà prouvé en ce peu de mots, qu'une partie de l'espace invisible de la terre, est infailliblement occupée par les mêmes corps terrestres, qui se trouvèrent pendant leur circonvolution autour de leur corps igné coopérateur, dans les parties de l'espace en-deça de celui-ci, et visibles de la terre.

Il serait superflu ici de répéter les preuves déjà données, que ce fait s'applique également à toutes les autres séries de planètes agissant avec leur astre respectif; donc, dans les premiers points de l'espace invisible, au-delà de chaque astre situé à l'extrémité de la distance visible, ce sera l'atmosphère intermédiaire, seule base et soutien de tous les grands corps suspendus dans l'espace ; ensuite, les plus proches planètes, jusqu'aux plus éloignées, de celles qui occupent alternativement l'espace visible et l'espace invisible; et puisque ces corps se trouvent dans la même nécessité d'être appuyés et équilibrés des deux côtés, et de la façon précédemment démontrée; après eux il y aura une espace neutre, et non comprise dans les circonvolutions planétaires, comme il a été déjà expliqué; parce que celle-ci est la séparation inévitable des diverses sphères ou associations distinctes. Puis les corps planétaires les plus éloignés, jusqu'aux plus proches de leur corps igné respectif, et finalement ceux-ci, sans qui ils n'existeraient point.

Il est donc parfaitement constaté que les

corps terrestres et mobiles, dits planètes, en complétant leurs mouvements sphériques ou circulaires, doivent infailliblement se trouver et se trouvent alternativement du côté visible, et du côté invisible de leurs corps ignés respectifs, situés aux points extrêmes visibles de la terre; et conséquemment qu'il y a nécessité pour eux, d'être appuyés et équilibrés dans ces deux directions, de la même façon par d'autres corps fertiles et lumineux; et il devient ainsi évident que la distance, et l'invisibilité des objets, non-seulement ne sont pas une raison que ceux-ci doivent être succédés, remplacés par d'autres d'une description diverse; mais qu'au contraire, l'affinité, l'homogénéité des agents situés dans une certaine étendue d'espace, et dont les opérations s'accomplissent avec la plus parfaite régularité, doivent nécessairement se continuer au-delà de cette limite; car la cause de cette régularité dans l'accomplissement de leurs fonctions consiste indubitablement dans les propriétés respectives des agents eux-mêmes qui y sont employés, et dans l'ordre, l'arrangement ou l'économie physique qu'ils ont adoptée, c'est-à-dire que les lois impératives de l'attraction, de la gravitation, de l'équilibre, du mouvement, de l'affinité, de l'homogénéité ou adaptation pour agir et coopérer ensemble ont commandé.

Il s'ensuivrait donc même de ce raisonnement, sans les preuves positives déjà données de la continuation au-delà des limites de la vue, de corps massifs d'une exacte conformité à ceux qu'on voit; que cet ordre de choses est le seul qui puisse exister, des distances les plus proches, jusqu'aux plus éloignées et interminables distances de l'espace. La vue, en supposant qu'elle eût la faculté de s'étendre plus loin, tant qu'il y aurait une partie de l'espace qu'elle ne pût franchir, il y aurait toujours incertitude pour elle, relativement à ce qui se passe là-dedans ; et, si elle n'eût point de bornes, il n'y aurait plus besoin de recherches pour acquérir des connaissances sur le véritable état de l'univers. Que la vue donc soit plus ou moins extensive, ne s'oppose en rien aux arguments, que le contenu des premiers points de l'espace invisible ayant été découvert, et les corps qui l'occupent ayant été démontrés physiquement, d'être exactement de la même nature que ceux qui occupent l'espace visible ; ne peuvent être succédés, ou remplacés plus que ceux-ci, par d'autres d'une description diverse : parce que , en subdivisant l'espace en intervalles de distance d'une étendue quelconque, comme par exemple la distance de la terre qui est le point de départ de la vue, jusqu'aux limites de la vue, c'est-à-dire jusqu'à l'espace invisible; puis, ayant acquis la certitude qu'au-delà de cette limite rien n'a changé; c'est un autre point de départ, dont les circonstances sont précisément les mêmes que dans le premier cas. Donc, un deuxième et égal intervalle d'espace, sera infailliblement occupé par des matières d'une parfaite similitude aux premières; conséquemment, la nature des agents situés dans un troisième intervalle d'espace, ne peut différer de ceux situés dans le deuxième, plus que les agents situés dans la deuxième limite, diffèrent de ceux situés dans la première: et ainsi de suite sans fin; car l'espace ne peut être limitée parce que en tel cas les corps qui se trouveraient aux extrémités, n'étant plus dans les mêmes circonstances que les autres, n'étant plus bordés et équilibrés dans toutes les directions, se perdraient inévitablement. Ce serait aussi également impossible, pour les corps et sphères distincts situés comme ils le seraient à distances inégales des extrémités, d'agir, et de réagir, avec égalité les uns sur les autres; et même en tel cas, en supposant qu'une espace limitée fût circulaire, il y aurait inévitablement une différence en volume entre tous les astres, le volume des planètes appartenant aux diverses associations séparées serait conséquemment inégal, le plus volumineux des astres graviterait nécessairement au centre, et il n'y aurait plus d'équilibre possible : d'ailleurs l'espace ne saurait être limitée que par une substance solide, continue, et impénétrable, ce qui est évidemment une impossibilité.

Plus loin, dans la partie qui traite de création, il sera démontré que celle-ci ne peut aucunement s'effectuer sans matières premières, et conséquemment que, comme certaines choses réelles, ont dû exister éternellement sans origine, les corps qui composent l'univers sont précisément dans ce cas : et que la production est la seule propriété qui appartient à la matière, ou qui pourrait appartenir à d'autres existences, de quelle description que ce soit, s'il y en avait. On verra, et on sera convaincu que le fluide calorifique ou le feu, tel qu'il existe en pleine activité dans les corps ignés, et dans la terre et autres corps terrestres, dans un état comparativement passif ; est l'unique producteur actif qui puisse se réaliser ; et conjointement avec l'atmosphère, produire tous les phénomènes. Il a été démontré qu'il n'y a absolument que la centralisation réciproque de globes lumineux, et leurs associations respectives de globes terrestres, placés à distances proportionnées à leurs facultés d'action ; qui en forme le véritable tableau, et qui puisse constituer le véritable plan, et gouvernement de l'univers.

Tous les acteurs sont ainsi appelés également à assister à leur organisation, et constituent une république parfaite, dont les agents consistent comme il a été prouvé, en corps ignés dits astres, et en corps fertiles dits planètes, réunis en associations séparées d'une parfaite égalité; en volume, qualités, formes, et distribution: et où une supériorité parmi quelques-uns de leurs membres, érigés en monarque, et en autorités privilégiées, serait incompatible avec le libre exercice de leurs fonctions, et les rendrait impossibles.

Le feu est le plus puissant et l'unique agent productif de la nature; et se réalise par la distillation suprême de l'atmosphère, poussée à son plus haut degré de température, par la présence des substances inflammables. La matière en se liquéfiant, en passant de la solidité à la fluidité, se présente d'abord sous la forme du fluide aquatique dite eau, ce qui constitue son état positif de fluidité, puis se subdivise, se raréfie encore en exhalaisons, ou respirations sortant des parties solides et fluides du corps fertile et atmosphérique dit la terre, et devient le fluide atmosphérique ou l'atmosphère; contenant en elle-même, dans un état inostensible, l'élément calorifique, principe du feu, ou faculté de s'enflammer, ce qui constitue son degré comparatif de fluidité.

Déjà la matière est arrivée à un tel degré de subtilité, qu'en son état atmosphérique elle disparaît, et devient totalement imperceptible, également à la vue aidée par les plus puissants instruments optiques, comme à la vue naturelle: mais aussitôt que l'action des substances combustibles se fait sentir, une nouvelle transition et subdivision s'effectue, et le troisième fluide se produit, c'est le fluide électrique, calorifique, le feu enfin, le plus haut degré de température de l'atmosphère, et le degré superlatif des fluides.

Ainsi la matière, après avoir disparue à la vue sous sa forme atmosphérique simple, reparaît de nouveau sous la forme atmosphérique ignée, étant elle-même l'unique source directe de la lumière. L'air paraît changé, métamorphosé en feu, mais c'est toujours lui-même dans les deux états d'embrasement ou de flamme, et aucun surcroît d'extension ou de volume résulte de cette double existence. Le feu accomplit donc ce qui est possible relativement à une chose ayant de l'existence, et étant en même temps sans étendue; puisque lui-même n'a rien ajouté à l'espace déjà occupée par l'atmosphère naturelle. Le feu s'identifie avec l'atmosphère en la décomposant et, en la recomposant simultanément au même instant, et l'étendue reste toujours, mais ce n'est pas le feu qui a formé ou rien ajouté à l'espace.

Ici il est à propos de définir ce que c'est que l'espace; elle est et ne peut être autre chose qu'un lieu, une localité, une étendue, un site, créé par la présence des substances solides et fluides. Elle est occupée visiblement par les substances solides et fluides à l'exception de l'atmosphère; il est évident que les substances doivent se former une espace, et que celle-ci enest inséparable. L'espace ouverte est occupée invisiblement par le fluide atmosphérique ou l'atmosphère, et celle-ci également partout où elle se diffuse et circule, se fraie forcément de l'espace.

La seconde question est, l'espace peut-elle se former sans la présence des substances solides et fluides? Dans ce cas, et en supposant la possibilité de leur absence ou non existence, c'est-à-dire du néant; il n'est pas possible qu'aucune espace ou extension se réaliserait: parce que si rien n'existait, il est certain qu'il n'y aurait rien pour se dilater, pour s'étendre, et sans dilatation, extension, il n'y a pas d'espace. Le vide donc par lequel on entend une espace sans matériaux quelconques, est sans contredit un vain mot sans signification; car, en supposant la possibilité d'un vide, c'est-à-dire un état de choses où il y aurait une absence totale d'existence, de matériaux de quel genre que ce soit, ce serait alors le néant qui s'étend, qui se forme une espace : mais puisque le néant serait la privation de toute existence, de toute étendue, de tout volume quelconque solide ou fluide, d'abord l'espace ou distance entre les diverses parties de la terre n'existerait plus, ensuite si l'atmosphère n'entrait point dans la composition de l'espace qui sépare la terre et le globe igné dit Soleil, et ne fût aussi en contact avec lui, il a été prouvé qu'il n'y aurait plus de coopération possible entre eux ; et conséquemment ils ne pourraient plus exister. L'espace alors quand même elle se vérifiait serait sans but, sans utilité : mais comme elle consiste en extension, en étendue, et que le néant s'il fût possible ne s'étendrait, ne se dilaterait certainement point ; la conclusion est décisive, que l'espace ne se réaliserait point sans la présence des substances. De même, l'assertion que quelque chose puisse exister sans avoir de l'étendue ou occuper de l'espace, ce qui revient au même, est infailliblement une des plus monstrueuses erreurs ; puisqu'il a été non seulement prouvé, mais il est d'une évidence la moins équivoque, qu'aucune substance solide, ou fluide, ou aucune réalité d'un autre genre s'il y en avait, outre celles qui sont connues, ne peut exister sans occuper de l'espace, et il s'ensuit qu'il ne peut exister dans le corps humain, ou en quel corps ou substance que ce soit, aucune partie qui n'occupe une certaine étendue ou espace proportionnée à sa nature.

La certitude que l'espace dépend entièrement pour son existence de la présence des substances, ayant été ainsi complétement constatée, on est conduit naturellement ensuite à examiner une autre faculté qui par rapport à son immatérialité absolue, son absence de toute corporalité, excepté comme une qualité inséparable des substances, peut se comparer à l'espace; et se trouve effectivement sous ce rapport dans les mêmes circonstances, je veux dire le temps : en traitant de celui-ci, il y aura encore plus de facilité que dans le premier cas, à faire reconnaître qu'il ne saurait aucunement être connu ou se vérifier, sans la réalisation de matières ou objets véridiques; parce que le temps ne consistant que dans la durée, continuation, ou permanence de quelque chose de positif; fût-il possible qu'aucune réalité palpable existât, d'une absence totale de tous matériaux de quel genre que ce soit; il est certain que leur durée, permanence ou continuation, ne saurait jamais se vérifier; et ce qu'on appelle le temps, n'existerait pas plus que les matériaux ou choses réelles, qui seules sont capables d'exister, et de prolonger leur existence selon leur nature : et cette conclusion est tellement apparente et positive, qu'il serait inutile d'amplifier davantage sur ce sujet, et d'en multiplier les preuves d'un fait si évident. Toutefois, il reste d'autres observations à faire qui ne sont pas superflues, parce qu'elles conduiront à faire comprendre plus clairement que le fluide calorifique ou le feu, conjointement avec l'atmosphère, étant les qualités matérielles qui produisent directement le mouvement, ce sont ces trois facultés seules qui peuvent réaliser le temps, et la division du temps.

Il n'y a aucune nécessité de prouver que si ces trois facultés n'existaient point dans le globe igné et lumineux dit Soleil, et dans le globe mobile la Terre, le laps entre un intervalle de durée à un autre ne serait pas connu ici; et que c'est le mouvement de la terre, et sa position relative par rapport au soleil, qui marque la répartition en secondes, minutes, heures, etc., dans lesquelles le temps a été divisé; qui sans cela s'écouleraient sans la possibilité de s'en rendre aucun compte; et ces faits s'appliquent également à toutes les autres parties de l'espace.

J'ai dit que ces assertions n'avaient aucun besoin de preuves, parce qu'elles sont évidentes; néanmoins elles ne sont pas inutiles étant un pas préparatif pour arriver ensuite à des conclusions plus importantes, et qui décideront que le temps ne peut se vérifier, non-seulement sans la réalisation de matériaux, mais aussi, sans en même temps se désigner en intervalles ou périodes distincts.

Je reprends donc pour arriver à ce résultat, la discussion sur les propriétés du feu, un moment interrompue par la digression sur l'espace, et la présente, qui toutefois se lient naturellement avec celle-là ; les derniers mots à ce sujet étaient : « Ce n'est point le feu qui a formé ou rien ajouté à l'espace ; en outre la flamme est tellement légère et insaisissable, qu'elle est inpondérable, insusceptible de se péser par aucun moyen connu. » — Or, en cet état de choses, il devient manifeste que celui-ci est le dernier degré de divisibilité de la matière, et qu'elle est insusceptible de se subdiviser, de se raréfier au-delà du point qu'elle ait atteint, en produisant son plus actif et plus puissant agent inorganisé, qui constitue l'extrême subtilisation des substances; et après laquelle il n'y a plus d'existence possible de quel genre que ce soit. Conséquemment, il est complétement démontré que le fluide électrique, calorifique, intitulé le feu, étant la dernière modification de raréfaction, ou réduction possible de la substantiabilité, à laquelle une chose ou existence quelconque puisse atteindre: qu'il n'existe point, et ne peut exister aucuns objets, agents, ou êtres quelconques, plus subtils, ou moins matériels que ce fluide.

Puisque donc une profonde analyse du feu a mis en évidence l'impossibilité d'une existence quelconque, supérieure aux facultés subtiles, puissantes, pénétrantes et productrices de ce fluide; il en résulte la conclusion certaine que le temps, dont les uniques attributs et définition consistent dans le fait, et la permanence ou prolongation d'une existence réelle, soit pour une époque limitée, telle qu'est la loi naturelle des êtres animés de chaque génération, qui cessent d'exister en leurs propres formes ; soit éternellement par rapport à la matière qui est impérissable; et attendu qu'il n'y a rien au-delà de celle-ci, dont le feu est la dernière expression en subtilité; le temps doit nécessairement sa réalisation, exclusivement aux corps connus de l'univers tels qu'ils existent; et conséquemment qu'il ne peut se vérifier, sans se désigner simultanément par ses divisions. Eût-il donc jamais été possible que ces objets n'existassent point, le temps également de son côté n'aurait jamais pu se réaliser.

Je résume maintenant en terminant le peu qui reste à dire sur le fluide surprenant dit le feu, en répétant comme il est toujours nécessaire en cas d'interruption, les dernières paroles à ce sujet, afin d'en relier le sens; elles étaient : « Le feu, étant la dernière modification de raréfaction ou réduction possible de la substantialité, à laquelle une chose ou existence quelconque puisse atteindre; il n'existe point, ni ne peut exister aucuns objets agents ou êtres plus subtils, ou moins matériels que ce fluide; ou plus puissant, parce que le feu crée autant qu'il soit possible de créer, c'est-à-dire, que sa chaleur constitue l'unique principe et condition de la végétation, croissance, et conservation des existences de toute nature; et les anime aux divers degrés inhérents aux matériaux différemment combinés, dont elles sont composées. Aussi le feu détruit-il, autant que la destruction soit possible; son contact porte, au plus haut degré, la chaleur dans les substances les plus denses, et réduit d'autres, en cendres ou parties les plus minutieuses.

Voici donc justement l'occasion opportune d'examiner à fond la question de création. Les vastes globes qui occupent l'espace peuvent-ils être la création de quelque autre puissance? ici la première réflexion qui se présente à l'imagination et au jugement est que, si l'existence d'un tel créateur, ou d'une pluralité de créateurs eût été possible, (et vu le nombre infini des corps existants, le dernier cas serait infiniment la plus raisonnable hypothèse ou supposition des deux); si une telle existence lui est propre, inhérente à ses propriétés, et indépendante d'autrui; elle serait alors sans origine. Parce que une chose qui existe en vertu de certains principes contenus en elle-même, n'a pas certainement besoin de temps pour se vérifier; les principes sont par leur nature fixes et inaltérables; et pour cela sont décidément de toutes les époques; et conséquemment une telle réalité soit une seule, soit une pluralité, aurait existé depuis l'éternité dans le passé.

De cette exposition de faits abstraits, de causes et effets, on voit qu'en recourant à une autre cause pour l'existence des corps connus, que celle inhérente à la matière; on est obligé toujours d'insister que celle là vit, et se vérifie en vertu de ses propres droits ou principes; et que grâce à ses éléments, elle n'est point la création d'autrui, d'un autre objet ou d'objets quelconques. Conséquemment, quand même la création d'une existence par une autre existence sans germes, ou matières premières, serait possible; il est certain que les objets créateurs, n'auraient pas été créés eux-mêmes; mais auraient toujours existé; et en supposant une suite de créateurs, et de créés, il faudrait toujours en finir par là.

Il s'ensuit que l'existence des choses réelles, prouve que quelque chose, ou des choses réelles, ont dû être constamment présentes, et existantes sans création ou origine ; et après cette première conclusion décisive, il ne resterait que la solution suivante à faire. — Quels sont les objets qui ont toujours existés? si dans une partie précédente de cette publication, il n'eût été complètement démontré, que toute l'espace infinie dont une partie comparativement insignifiante est connue visiblement, soit occupée entièrement et exclusivement par des globes ignés, et des globes féconds; qu'il n'y a que le feu qui puisse agir sur des matières terrestres, et en faire ressortir toutes les modifications ; et qu'il n'y a que l'atmosphère dont le fluide calorifique où le feu est l'émanation directe, qui puisse agir sur ces globes enflammés, et en faire valoir les admirables opérations.

Je reviens actuellement à l'examen du mot création, sur lequel il y a encore plusieurs discussions démonstratives à faire.

La véritable et unique définition ou signification de ce mot, étant de produire, de faire naître quelque chose d'un état de non existence, sans germes, ou semences quelconques, il est presque superflu d'observer, qu'en supposant qu'il eût été jamais possible de mouler ou de former comme en sculpture des êtres animés, compris l'homme, avec des matières terrestres : cela ne serait pas plus une création que la voie connue; car une fois que des éléments palpables entrent dans la construction d'un objet quelconque, celui-ci n'est autre chose qu'une production, résultant des divers éléments employés ; et, pour la même raison, ne considère-t-on pas la production des êtres organisés par la voie connue, comme telle ; n'étant que la vertu intrinsèque propre à ces classes de la matière, à se développer, à croître; et arrivés à maturité elles n'ont été que fécondées et augmentées en volume. Et en effet, le procédé naturel de la production des êtres organisés, ne diffère de celui des substances végétatives, que dans le premier cas, la plantation, fécondation, et maturisation, s'opèrent dans un corps organisé ; et dans le second cas, dans le sol de la terre. Mais la création proprement dite, et son unique définition, étant la réalisation ou création d'un objet, ou d'objets soit spontanément par eux-mêmes d'un état de néant, (si un tel état de choses, ou plutôt absence de toutes choses fut possible), soit par l'intermédiaire d'un autre objet, ou d'objets, sans la présence, et l'application d'aucuns matériaux, est une opération impraticable; parce qu'en supposant la possibilité de l'existence d'une puissance, ou d'une pluralité de puissances, ayant des facultés non-seulement supérieures au fluide calorifique ou le feu, mais supérieures à tout ce qu'on puisse imaginer; si quelque chose de réel n'existait point d'avance, et de plus que cette chose ne consistât point dans les mêmes matériaux, dont une substance ou existence quelconque soit composée; la conclusion est péremptoire, que celle-ci n'aurait jamais pu se réaliser; car, étant une réalité, elle ne peut dériver son existence de ce qui n'est point réel; et étant composée de certains éléments, lesdits éléments seuls ont pu constituer sa conformation.

Ainsi, même dans le cas où les immenses globes situés dans l'espace, n'eussent point été de tous les temps, quant à leurs formes, telles qu'elles sont actuellement; les éléments dont ils sont construits, et d'où se développent leurs facultés d'opération, ont dû être infailliblement les mêmes dans tous les temps: car, les éléments dont une substance est composée, quoiqu'on en dise des changements survenus à la nature, et aux productions de la terre; ne peuvent certainement pas se transformer, et assumer un autre caractère, que celui qui leur est propre: et la substance, n'étant que le résumé, la totalité de ses éléments ; ne peut conséquemment jamais varier dans ses productions.

Un profond examen de la signification du mot création, ayant rendu certain son impossibilité ; la production est donc la seule faculté en ce genre, qui appartient à la matière, ou qui pourrait appartenir à quelle autre description d'existence que ce soit, s'il y en avait. Cette production a lieu comme on sait sur la terre, naturellement dans la formation des êtres animés, organisés, par germes ou semences ; c'est-à-dire par leurs éléments : et dans la formation des substances végétatives également par germes, ou substances qui constituent leurs principes élémentaires : puis la production artificielle, consistant dans l'immense, et presque innombrable quantité d'objets, composés de matières naturelles, travaillées, et façonnées par la main merveilleuse de l'homme, et en d'autres objets artificiels, dont le nombre est comparativement insignifiant, qui sont l'œuvre des animaux inférieurs; tels que nids, rayons de miel, toiles d'araignées, etc.; et c'est sur le sol, l'espace solide de la terre, où s'effectuent toutes ces opérations productives ; mais le corps entier de la terre n'a point de site solide, de sol, ou de matériaux d'où se produire à une époque donnée, ou être produite par d'autres puissances ; elle repose comme tous les autres globes entiers, et isolés situés dans l'espace, sur l'atmosphère ; qu'elle-même, conjointement avec les autres corps de son espèce, et la chaleur du soleil a formée.

Or, comme il a été complètement démontré que certaines choses doivent infailliblement avoir une existence permanente, éternelle, de tous les temps ; et d'être ainsi sans origine ; que c'est là le seul moyen ou base, la source fondamentale de toutes les descriptions d'existences possibles ; et attendu que la terre, et tous les autres corps isolés, suspendus dans l'espace, tant ceux qui sont fertiles, et atmosphériques, que ceux qui sont ignés et lumineux, se trouvent précisément dans le cas de n'avoir pu, spontanément par eux-mêmes, surgir en existence à quelque période définie, ou d'avoir pu être la production d'autres objets, ou puissances qui les précédèrent en existence ; et attendu que non-seulement il a été prouvé qu'aucune action supérieure, provenante de quelque puissance inconnue ait lieu sur eux ; mais aussi, que cette action de quelle nature qu'elle pourrait être, serait nécessairement affaiblie en proportion de la distance entre les objets, agissant comme causes, et effets, les uns sur les autres ;

et qu'à une distance excessive toute action et réaction cesserait entre eux ; ces vastes cercles solides, substancialités équiformes, occupant et flottant, dans les régions aériennes, ont dû être infailliblement sans origine, d'une éternelle existence indépendante dans le passé, déterminant ainsi physiquement la loi pour l'avenir ; et ont dû également de tous les temps, avoir les mêmes formes, qualités, volumes, et distributions. Parce que, l'atmosphère, prouvée d'être leur unique appui dans l'espace, se produit, s'exhale du volume entier des corps fertiles dits planètes; et c'est ainsi que leurs fonctions s'effectuent d'une manière parfaite, et que par d'autres combinaisons quelconques, ce fluide serait inévitablement dans un état tout différent, et en tel cas, leurs opérations ne seraient plus possible, ce qui n'était pas même nécessaire à ajouter, aux nombreux arguments conclusifs contenus dans cet exposé ; qui pour la première fois, accomplissent physiquement et métaphysiquement, la solution du plus grand de tous les problêmes et leur base; en démontrant complètement, et de la manière la plus décisive : l'éternité, l'indépendance, la présence universelle exclusive, et l'invariabilité inébranlable des corps connus qui occupent l'espace ; avec tous les détails, concernant leurs propriétés, leurs fonctions, leurs coopérations et leur existence ; et conséquemment démontrent en même temps, que les principes du système de l'instruction publique, transmis par l'antiquité et encore aujourd'hui en vigueur, sont basés sur une erreur fondamentale.

Paris. Typ. Benard et Comp., pass. du Caire, 2.

www.ingramcontent.com/pod-product-compliance
Lightning Source LLC
LaVergne TN
LVHW020039170826
845678LV00001B/338

* 9 7 8 2 3 2 9 6 9 3 4 7 7 *